獻給

我的城市鄰居，
他們的良善就如同與我們共享的大樹樹根，
同樣深植人心。

——安德烈亞・柯提斯

作者　安德烈亞・柯提斯

屢獲殊榮的作家和編輯，寫作內容從女性健康到社區變化、從文學界人物到城市森林的一切。作品贏得六項加拿大國家雜誌獎，以及與其他人共享的三項獎項，也榮獲了三項國際地區雜誌獎。

與尼克・索爾合著的暢銷書《The Stop: How the Fight for Good Food Transformed a Community and Inspired a Movement》，榮獲加拿大美食寫作獎、多倫多遺產獎優異獎，並獲得多倫多圖書獎和OLA常青獎提名。她的第一本書《Into the Blue: Family Secrets and the Search for a Great Lakes Shipwreck》，則獲得埃德娜・施塔布勒創意非小說獎。

安德烈亞也為年輕人寫作。包括青少年小說《Big Water》、《城市中的森林》，以及暢銷兒童知識書《What's for Lunch? How Schoolchildren Eat Around the World》、《Eat This! How Fast Food Marketing Gets You to Buy Junk (and how to fight back)》。後者被《柯克斯書評》和《學校圖書館雜誌》評為年度最佳書籍之一，也是OLA年度最佳書單，並獲得紅雪松圖書獎提名。

繪者　皮耶・普拉特

一九九〇年開始兒童插圖和寫作工作，著作已有五十多本。曾獲多項獎項，包括三次加拿大總督獎、布拉提斯拉瓦的金蘋果和金盤獎、法國蒙特婁勒伊兒童書展獎、波隆那聯合國兒童基金會獎、波士頓環球號角圖書獎、伊麗莎白・克利弗獎、克里斯蒂先生圖書獎和TD兒童文學獎。二〇〇八年代表加拿大進入著名的安徒生獎決賽。

譯者　林大利

生物多樣性研究所副研究員、澳洲昆士蘭大學生物科學系博士。由於家裡經營漫畫店，從小學就在漫畫堆中長大。出門總是帶著書、會對著地圖發呆、算清楚自己看過幾種小鳥。是個龜毛的讀者，認為龜毛是探索世界的美德。

小麥田繪本館
城市中的森林：都市樹木生長祕密大公開，認識永續發展與氣候變遷的知識繪本
A Forest in the City

作　　者	安德烈亞・柯提斯（Andrea Curtis）
繪　　者	皮耶・普拉特（Pierre Pratt）
譯　　者	林大利
封面設計	翁秋燕
內頁編排	江宜蔚
主　　編	汪郁潔
責任編輯	蔡依帆
國際版權	吳玲緯　楊靜
行　　銷	闕志勳　吳宇軒　余一霞
業　　務	李再星　李振東　陳美燕
總 編 輯	巫維珍
編輯總監	劉麗真
事業群總經理	謝至平
發 行 人	何飛鵬
出　　版	小麥田出版 115 台北市南港區昆陽街 16 號 4 樓 電話：(02)2500-0888 ｜ 傳真：(02)2500-1951
發　　行	英屬蓋曼群島商家庭傳媒股份有限公司 城邦分公司 115 台北市南港區昆陽街 16 號 8 樓 網址：http://www.cite.com.tw 客服專線：(02)2500-7718 ｜ 2500-7719 24 小時傳真專線：(02)2500-1990 ｜ 2500-1991 服務時間：週一至週五 09:30-12:00 ｜ 13:30-17:00 劃撥帳號：19863813　戶名：書虫股份有限公司 讀者服務信箱：service@readingclub.com.tw
香港發行所	城邦（香港）出版集團有限公司 香港九龍土瓜灣土瓜灣道 86 號順聯工業大廈 6 樓 A 室 電話：852-25086231 傳真：852-25789337
馬新發行所	城邦（馬新）出版集團 Cite(M) Sdn. Bhd 41, Jalan Radin Anum, Bandar Baru Sri Petaling, 57000 Kuala Lumpur, Malaysia. 電話：+6(03) 9056 3833 傳真：+6(03) 9057 6622 讀者服務信箱：services@cite.my
麥田部落格	http:// ryefield.pixnet.net
印　　刷	漾格科技股份有限公司
初　　版	2024 年 10 月
售　　價	420 元

版權所有 翻印必究
ISBN 978-626-7525-04-3
版權所有・翻印必究
本書若有缺頁、破損、裝訂錯誤，請寄回更換。

A FOREST IN THE CITY
Text copyright © 2020 by Andrea Curtis
Illustrations copyright © 2020 by Pierre Pratt
Published in Canada and the USA in 2020 by Groundwood Books.
www.groundwoodbooks.com
Traditional Chinese translation copyright © 2024 by Rye Field Publications, a division of Cite Publishing Ltd.
All rights reserved

國家圖書館出版品預行編目資料

城市中的森林：都市樹木生長祕密大公開，認識永續發展與氣候變遷的知識繪本 / 安德烈亞．柯提斯 (Andrea Curtis) 著；皮耶．普拉特 (Pierre Pratt) 繪；林大利譯. -- 初版. -- 臺北市：小麥田出版：英屬蓋曼群島商家庭傳媒股份有限公司城邦分公司發行, 2024.10
　面；　公分. --（小麥田繪本館）
譯自：A forest in the city
ISBN 978-626-7525-04-3(精裝)

1.CST: 樹木 2.CST: 都市生態學 3.CST: 繪本

436.1111　　　　　　　　　　　　113010810

城邦讀書花園
www.cite.com.tw
書店網址：www.cite.com.tw

A Forest in the City
城市中的森林
都市樹木生長祕密大公開，認識永續發展與氣候變遷的知識繪本

安德烈亞・柯提斯　著

皮耶・普拉特　繪

林大利　譯

　　想像一座由綠蔭籠罩的城市。樹木依偎在人行道，與人們和各種生物分享陰涼的樹蔭。這裡的空氣既清涼，又清淨。在枝葉的遮蔽之下，車輛的行駛聲和喇叭聲彷彿銷聲匿跡。

　　想像一座繁忙且嘈雜的城市，擁有茂密的樹冠層，讓每個在樹冠下方的人都感到安心、平靜，並與大地相連。

　　這是你熟悉的城市嗎？

水泥叢林並非樹木理想的生育地。人行道和馬路下方的土壤可能被壓得過度緊實，而且缺乏養分。有時候，樹木無法獲得充足的雨水，炎熱的天氣可能使樹木凋零。

在某些街道，高樓大廈就像深谷的峭壁，遮擋了樹木茁壯成長所需的陽光。同時，路燈等人工光源可能干擾它們的自然光週期＊，影響葉子和花朵生長的時間。

然而，這些綠巨人是都市的必要元素。樹木擁有抵禦汙染和氣候變遷的超能力，有助於都市生活更加健康且充滿可能性。

那麼，我們如何在都市中打造一片森林？如何建立一個人類和樹木都能夠和諧共生的地方呢？隨著全球越來越多的人移居到市中心，這些問題也更急需解答。

＊光照與黑暗週期的相對長度，對於植物的生長會有影響。

都市森林的誕生

樹木能說的故事可多了。它們幫忙塑造了世界各地城市的歷史和發展。

在城市出現之前，先民在生活周遭的河流、湖泊、小溪和海洋附近的森林與綠地中開拓家園。他們與土地和樹木有著深厚的連繫。

隨著新的住民抵達，有些人遠道而來，他們砍伐樹木、挖掘樹根，騰出更多家園、小徑、馬路和建築物所需的空間。他們用木材建造房屋和家具、製作工具。用木材生火，烹煮食物和取暖。

有些樹木繼續生長在這些早期城市的郊區，或在人們可及的林地中。部分樹木被留下在教堂、寺廟、清真寺附近或圍牆邊，人們聚集在此慶祝，或是擺攤販售商品。有錢人家則在自己的私人庭院中種樹。

直到約四百年前，西方城市才開始在主要道路，或是遊行路線上種植觀賞樹木。那個時代，大多數都市的中心並沒有太多的樹木或灌木。

後來，在十八世紀末，工業革命興起。社會從栽培農作物的農業，轉變為依賴製造加工商品的經濟模式。大規模生產衣物和農具等商品的工廠進駐，城市的人口急劇增加。

這些擁擠的地方往往骯髒且受到汙染。如紐約中央公園和倫敦維多利亞公園等公共場所便就此誕生，讓城市居民可以享受到清新的空氣，以及樹木和大自然的療癒力。公園的概念開始廣泛應用於都會區，在公園和街道上種植樹木，很快就成為都市計畫的例行工作之一。

第一次世界大戰（西元一九一四～一九一八年）結束後不久，由美洲榆小蠹*傳播的致命真菌，開始殺死覆蓋著英國和歐洲街道、人行道的壯麗榆樹。

二十年內，荷蘭榆樹病傳播到亞洲和北美洲，數十年來殺死了數十萬棵樹木，摧毀了許多地方，這些地方變得荒涼無物，有些地方還飽受空氣汙染和水汙染之苦。

樹木消失後，人們才真正明白它們對城市的重要性。

一九六〇年代，多倫多大學的教授埃里克．約根森提出了「都市林」的概念。強調城市中的樹木應該與傳統森林中的樹木不同。樹木必須被視為獨特且相連的生態系的部分，是都市生活不可或缺的元素。

*美洲榆小蠹是一種甲蟲，啃食荷蘭榆樹病的樹木後，會將病原真菌帶到其他健康的樹上。

神奇的樹際網路

　　深入道路和人行道下方的土壤,是健康都市林的起點。

　　樹根是樹木的錨,使它穩固強壯。根系吸收土壤中的水分和養分,讓樹木生長。健康的根系在地下的廣度比樹木寬廣的樹冠還要遼闊許多,深度可達一公尺。

　　樹木之間透過根系與彼此溝通,形成一個社交網絡,科學家稱

之為「樹際網路」。土壤中某些常見真菌會透過樹根的末端相互交織，形成相互連接的生物群落，能幫助水分吸收、養分共享，甚至訊息的傳遞，例如互相通報有毒植物的存在。

　　這種根系還有助於穩固街道和建築物下方的土壤，以防被傾盆大雨沖走。土壤和根部物質會吸收降雨或融化的雪水，還能減緩暴雨期間過量的逕流。這些過量的水流可能會汙染湖泊和河流，甚至造成市區水災。

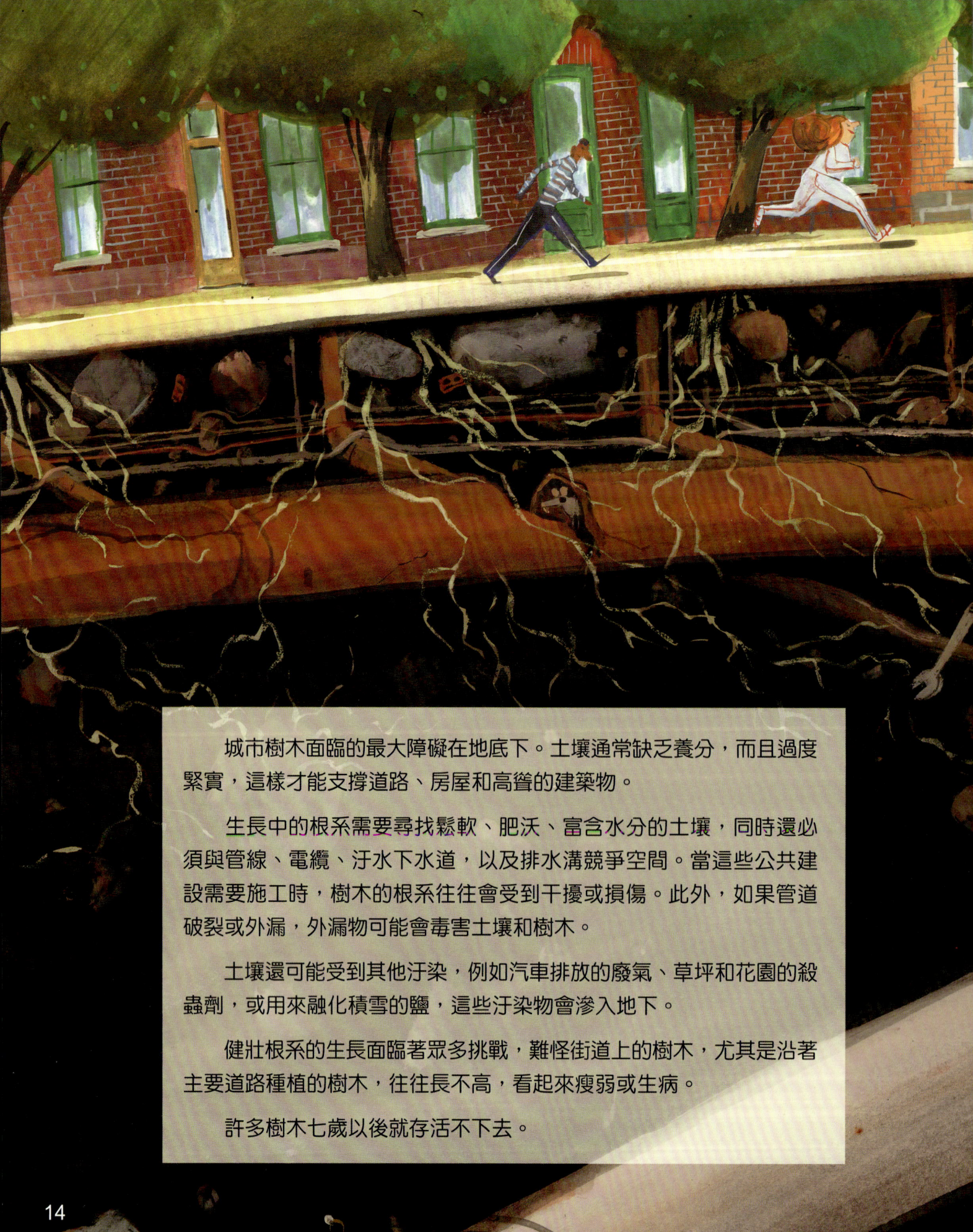

　　城市樹木面臨的最大障礙在地底下。土壤通常缺乏養分，而且過度緊實，這樣才能支撐道路、房屋和高聳的建築物。

　　生長中的根系需要尋找鬆軟、肥沃、富含水分的土壤，同時還必須與管線、電纜、汙水下水道，以及排水溝競爭空間。當這些公共建設需要施工時，樹木的根系往往會受到干擾或損傷。此外，如果管道破裂或外漏，外漏物可能會毒害土壤和樹木。

　　土壤還可能受到其他汙染，例如汽車排放的廢氣、草坪和花園的殺蟲劑，或用來融化積雪的鹽，這些汙染物會滲入地下。

　　健壯根系的生長面臨著眾多挑戰，難怪街道上的樹木，尤其是沿著主要道路種植的樹木，往往長不高，看起來瘦弱或生病。

　　許多樹木七歲以後就存活不下去。

給樹更好的生長空間

　　一棵成熟的大樹需要超過三十立方公尺的肥沃土壤，才能長得又大又強壯，這些土壤足以填滿三輛砂石車！

　　道路上有許多建築物，地上有路面，地下有公共設施，土壤總是不夠。因此，林務人員想方設法，幫助樹木充分利用有限的生長空間。

　　選擇適合的樹種、正確的種植方法，以及提供良好的土壤，是延長樹木壽命的關鍵。例如特定地區的原生樹種往往更適應當地的氣候，或者對乾燥或沙質土壤的耐受性高而聞名的樹種。容易生長的灌木也可以美化擁擠的街道，因為那裡的土壤根本無法讓大樹發育成長。

　　林務人員也嘗試為城市樹木設計更好的生長空間。

　　多倫多的主要大道上會看到幾棵樹種植在連續的土壤溝渠中，讓根系能夠伸展。溫尼伯和其他城市的街道樹木種植在高於人行道的容器中，保護土壤免受壓實。許多城市還使用特別配製，混合了碎石和黏壤土的結構土，提供樹木伸展根系的呼吸空間。

　　從波士頓到北卡羅來納州的夏洛特，都使用懸浮式水泥人行道。金屬或水泥柱子深入地下作為支撐，人行道的重量可以懸掛其上，不會對土壤施加壓力。

　　紐約市著名的林肯表演藝術中心北廣場的地底停車場，上方安裝了大型塑膠支架，稱為「土壤單元」。這些土壤單元能防止土壤被壓實，確保為訪客遮陽的倫敦梧桐有足夠的生長空間。

　　道路、人行道和庭院的下方,飢渴的樹根總是在尋找水分和養分。

　　居民有時會抱怨樹根損壞了供水和下水道管線,或是破壞房屋的地基。樹木也會讓人行道和道路隆起或裂開。

　　某些城市的街道,甚至能看到樹根從人行道冒出來,就像是長有許多手臂的生物嘗試從地底逃出。

　　在洛杉磯,由於樹根生長造成的路面裂開和隆起,成為用路人的威脅,身障人士的律師因而控告了主管機關。在具有里程碑意義的和解協議中,洛杉磯市政府承諾支出十億美元以上的資金,來解決維修進度嚴重落後的問題。

　但樹木並不是這些問題的原因,而是規劃、種植和維護不當,以及老化的道路、人行道、基礎建設和管線造成的。

　洛杉磯許多大型榕樹等樹木,通常種植在道路或人行道旁,卻沒有考慮它們最後會長得多大。在這樣密集的區域,如果樹木沒有得到妥善的養護,尋找水分和養分的樹根會生長進入裂縫中。

　變化多端的天氣,例如北方城市反覆結冰和融化,也可能導致水泥或混凝土變化而產生縫隙和裂痕。如果那裡有充足的水分和土壤,機智的樹根會找到這些地方。

　樹根本身並不足以破壞水泥或管線,但它們不會放棄任何可以鑽入縫隙的機會!

危害樹的疾病與蟲害

　　進入樹木的內部,可以看到由細胞層組成的樹幹。樹木中心的支撐層「心材」的旁邊,是「邊材」。邊材類似巨大的幫浦,將富含養分的水從根部抽到樹枝和樹葉中。

　　再往外是分生組織的薄層,稱為「形成層」,這是樹幹每年加粗的原因。

　　樹皮內側的細胞稱為韌皮部,功能像是食物供應管線,運輸樹液(由葉子合成的糖分和其他養分)來餵養整棵樹各處的細胞。

　　樹皮是由死亡組織形成的堅韌外層,功能是隔熱和保護內部,就像我們的皮膚保護器官,也像蝸牛用外殼保護自己。

形成層
韌皮部
樹皮

心材　　邊材

如果空氣中有足夠的水分，苔蘚和色彩斑斕的地衣就會在樹皮上生長。這些植物不會傷害都市林。事實上，它們可以幫忙找出空氣汙染熱點。從美國奧勒岡州的波特蘭到阿根廷的科爾多瓦，科學家繪製城市中樹木上的地衣和苔蘚分布圖，並檢驗樣本中的汙染物以監測空氣品質。

然而，就像我們的皮膚和蝸牛的殼一樣，樹皮也會受損，尤其在年輕和細嫩的階段。如果損傷嚴重，樹木的生長速度可能會減慢，也可能會生病，甚至死亡。

隨著樹木長高、樹幹加粗，樹皮會變得厚實而堅韌。

但有時即使如此，也無法阻止疾病和蟲害。

　　大多數的昆蟲對樹木有益。有些昆蟲幫樹木和其他開花植物授粉，如蜜蜂，確保植物得以繁殖。另一些昆蟲是掠食者，如瓢蟲，捕食對樹木有害的昆蟲。

　　但也有一些非常具破壞性的害蟲，威脅著都市林的健康和未來。

　　有些害蟲從遠方傳入，儘管有規定和法規阻擋，仍可能隨著大型貨櫃或國際貿易產品入境。這些昆蟲稱為「外來入侵種」，由於在新環境中沒有天敵，牠們可能會快速失控。

　　例如光蠟瘦吉丁蟲會在樹皮上挖洞產卵，幼蟲則在樹皮下啃食木材（見右剖面圖）。其他昆蟲可能只吃樹葉。而光肩星天牛等昆蟲則會鑽進樹幹，危害許多北美洲的樹種。

　　原生的昆蟲通常不會危害都市林，因為彼此相處久了，沒有一方占優勢，另外也同時受到原生掠食者的控制。但隨著氣候變遷，尤其是乾旱或極端高溫，改變了生態系，對都市林都是巨大的挑戰，使其更容易受到原生和外來入侵昆蟲的危害。

　　多年前，多倫多和芝加哥等城市種植了大量樹木，其中只包含一、兩種的樹種，引發了額外的問題。如果某一種害蟲攻擊這幾種樹種，就像榆小蠹，城市森林的重要部分可能面臨風險。

　　科學家設計許多方法來阻止或減緩蟲害，包括除去蟲卵和引入寄生蜂等天敵。

　　如果蟲害過於嚴重，可以使用殺蟲劑殺蟲或治療病害。林務人員也要逐一診斷並移除受感染的樹木。

　　但是對於入侵物種，預防是最好的解方。城市需要種植多樣化的樹種，以保護樹種多樣性，同時防止蟲害進入都市林。

保護樹木的方法

　　樹幹也可能因為我們而受傷。這就是為什麼大多數城市都有規定禁止在樹木上懸掛標牌、剝樹皮，或其他會傷害樹木的行為。

　　市政府通常會在樹木周圍建立小型圍欄、籠子或柵欄。有些是臨時的，由塑膠或金屬製成，而有些圍欄則是色彩繽紛、充滿趣味，可以帶來愉悅與啟發，同時保護樹木免受傷害。

　　加高的平台、灌木和花圃也可以保護樹幹，避免被汽車車門、垃圾車清理垃圾時傷到，或被自行車鎖和狗尿波及。

　　有時，籠子或柵欄設置得太靠近樹幹，導致樹木沒有足夠的生長空間。樹木可能因為生長受限而死亡。

　　無論樹木的生長空間多麼受限，還是有些樹木成功的適應環境。

　　試著四處找找，你可能會看到一些樹木神奇的穿過圍欄生長，甚至看起來好像吞噬了街道標誌、腳踏車和郵筒！

抵擋氣候變遷的樹

　　看，往上看，樹木在樹冠高處發動最艱苦的戰役，並不是對抗蟲害、疾病或電線，而是氣候變遷。

　　二氧化碳是一種人類活動排放的氣體，例如砍伐森林，以及燃燒石油或煤炭驅動汽車、工廠和住宅。人類社會排放了過多二氧化碳，這是地球暖化和氣候變遷的原因之一。

　　樹木可以幫上忙。葉子可以吸收二氧化碳，發揮天然空氣清淨器的功能。透過光合作用，樹木利用太陽能將水和二氧化碳轉化為它們的食物，以及我們呼吸所需的氧氣。

　　樹木越大、越健康、越老，吸收的二氧化碳越多，產生的氧氣也越多。這也是為什麼在城市中規劃和創造大樹空間如此重要。

　　一棵高度在十二到二十一公尺之間成熟的樹木，每天可以為四個人提供充足的氧氣。

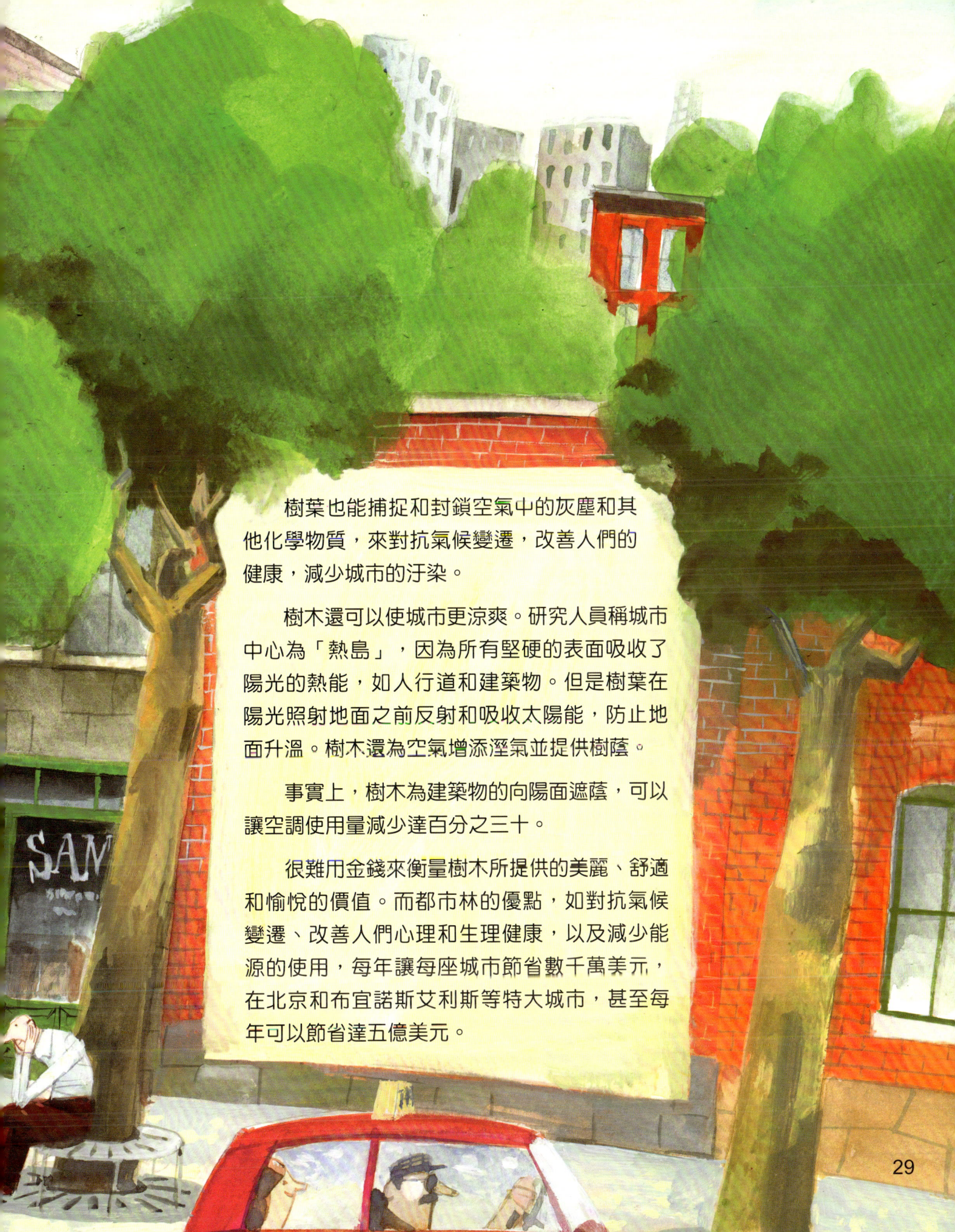

　　樹葉也能捕捉和封鎖空氣中的灰塵和其他化學物質，來對抗氣候變遷，改善人們的健康，減少城市的汙染。

　　樹木還可以使城市更涼爽。研究人員稱城市中心為「熱島」，因為所有堅硬的表面吸收了陽光的熱能，如人行道和建築物。但是樹葉在陽光照射地面之前反射和吸收太陽能，防止地面升溫。樹木還為空氣增添溼氣並提供樹蔭。

　　事實上，樹木為建築物的向陽面遮蔭，可以讓空調使用量減少達百分之三十。

　　很難用金錢來衡量樹木所提供的美麗、舒適和愉悅的價值。而都市林的優點，如對抗氣候變遷、改善人們心理和生理健康，以及減少能源的使用，每年讓每座城市節省數千萬美元，在北京和布宜諾斯艾利斯等特大城市，甚至每年可以節省達五億美元。

樹木也需要照顧

　　和人們需要定期看醫生維持健康一樣，城市中的樹木需要持續的養護和維護。難怪一些負責照顧城市森林的人被稱為「樹木醫師」！

　　照顧生長在私人土地上的樹木是屋主或商家的責任。樹木年幼時，必須定期澆水。隨著年齡增長，應該修剪樹枝以促進健康和維持該樹種的自然形狀。如果樹的形態不良，例如一邊有太多的樹枝，更容易受到風和暴風雨的傷害。

　　當樹木生病或年老必須砍伐移除時，通常會請專業人員前來處理。有時不得不使用起重機和重型機具。從小型城市的庭院中移除大樹，危險且成本高昂。

　　公有地的樹木，例如人行道和道路旁，以及公園和公共

建築前的樹木，通常由城市作業員負責照料。他們修剪樹枝以確保樹木維持健康，並且不干擾電線、街燈或交通標誌。他們為年幼的樹木澆水，並在樹木基部留下覆蓋物，保持土壤潮溼。城市工人還管理昆蟲和疾病，並清除患病或死亡的樹木。

某些公園和城市自然區，如多倫多的海柏公園，城市林務人員有意的進行小規模且可控的森林火災，稱為「策略燒除」。這類森林火災的目的是復育和保育公園的生態系統，火災非常小心的控制在接近地面的範圍內，僅燃燒樹枝、草和枯葉。

策略燒除模仿了傳統森林中定期發生的許多小型自然火災。實際上，火災之後，這些生態系生長得更加旺盛。

樹木融入我們的生活

撥開樹葉,窺視樹枝間,你會發現一個充滿生命的世界——從昆蟲到鳥類,松鼠到浣熊。如果你非常非常安靜,甚至可能看到狐狸的尾巴在樹幹周圍閃動,兔子躲在低垂的樹枝下,或者鹿停下來咬嚼嫩嫩的新芽。

城市樹木是許多生物的家園和棲地。它們提供庇護、築巢、藏身之處,以及花朵、堅果、種子、漿果、葉子和木質等食物。

許多人也享受城市樹木所提供的豐富禮物。樺樹和柳樹的樹皮、葉子和芽製成的藥物,可以治療頭痛、喉嚨痛等各種不適。木材

可以用來製作家具、地板和工具。城市居民收集的落葉可以轉化為豐富的堆肥,有助於種植新的花園、食物和樹木。

根據城市的位置和氣候,城市中幾乎可以種植任何種類的果樹,包括蘋果、梨子、李子和櫻桃。榛果、栗子和核桃等堅果也可以在城市森林中生長,甚至可以從城市樹木中提取樹液製作美味的糖漿。

有時水果腐爛或掉落到人行道上而浪費掉。從渥太華到西雅圖的城市中,有人聚集在一起撿拾水果和堅果,將可食用的部分留給自己、分享給樹木的擁有者,或者捐給無法取得新鮮食物的人們和團體。

不幸的是,並非每個人都喜愛城市樹木。

樹枝可能會掉落壓壞汽車、房屋,或是扯斷電線。堅果、種子、果實或是花朵,可能散發奇怪的氣味,或是因為掉落造成髒亂。樹木可能成為喧鬧的鳥類,以及喜歡在垃圾桶周圍覓食的動物的家。

有些人表示他們更喜歡寬闊的綠草地,而不是茂密的樹冠。還有人對樹木的花粉過敏,引起眼睛和喉嚨發癢、疼痛。

在自有土地上照顧城市樹木也可能充滿挑戰,因為有許多保護樹木的規定和法規。即使是在您私人土

地上的樹，可能仍需徵得城市的許可才能修剪或砍伐。

鄰居之間偶爾會因樹木而起衝突。也許有人喜歡樹蔭，而另一個人喜歡陽光，可能會為了誰來清理落葉、如何修剪垂掛的樹枝，或是視野被遮擋時該怎麼做而爭論不休。溫哥華有一位女士甚至毒害擋住了海景和山景的樹木。

然而，樹木是我們共同的城市體驗中不可或缺的部分。在個人和社區層面上皆對我們的生活有幫助。

在城市中共同生活時，總是需要權衡個人和集體利益的重要性，特別是如何找到對每個人都適用的平衡。

　　抬頭望過蓊鬱的樹幹，透過城市樹木的寬闊枝葉，或許可以看到破碎的藍天；也許會瞥見鳥抓蟲餵食幼鳥，或是松鼠為冬天儲存堅果。

　　都市林是複雜的生態系，是密切聯繫的網絡，而你是其中的一分子。我們必須好好照顧樹木，因為樹木給我們的回報太多了。

　　光是看到樹木景觀，便能幫助手術恢復期的人們，也能降低憂鬱和壓力，讓人更加快樂。

　　住在公寓的人們附近有樹木環繞時，彼此的互動總會更加頻繁密切。

　　欣欣向榮的都市林甚至可以降低犯罪率。研究人員推測，這是因為有樹木的區域更能吸引人群，街坊鄰居也更加關心環境。

　　樹木還可以提高道路安全，因為樹木讓街道看起來更狹窄，駕駛人會放慢速度行駛。

　　城市樹木不僅是漂亮的裝飾品，更是豐富和維持我們生活的必需品。

　　想像一座被綠色籠罩的城市。

　　這可能就是你所熟悉的城市。

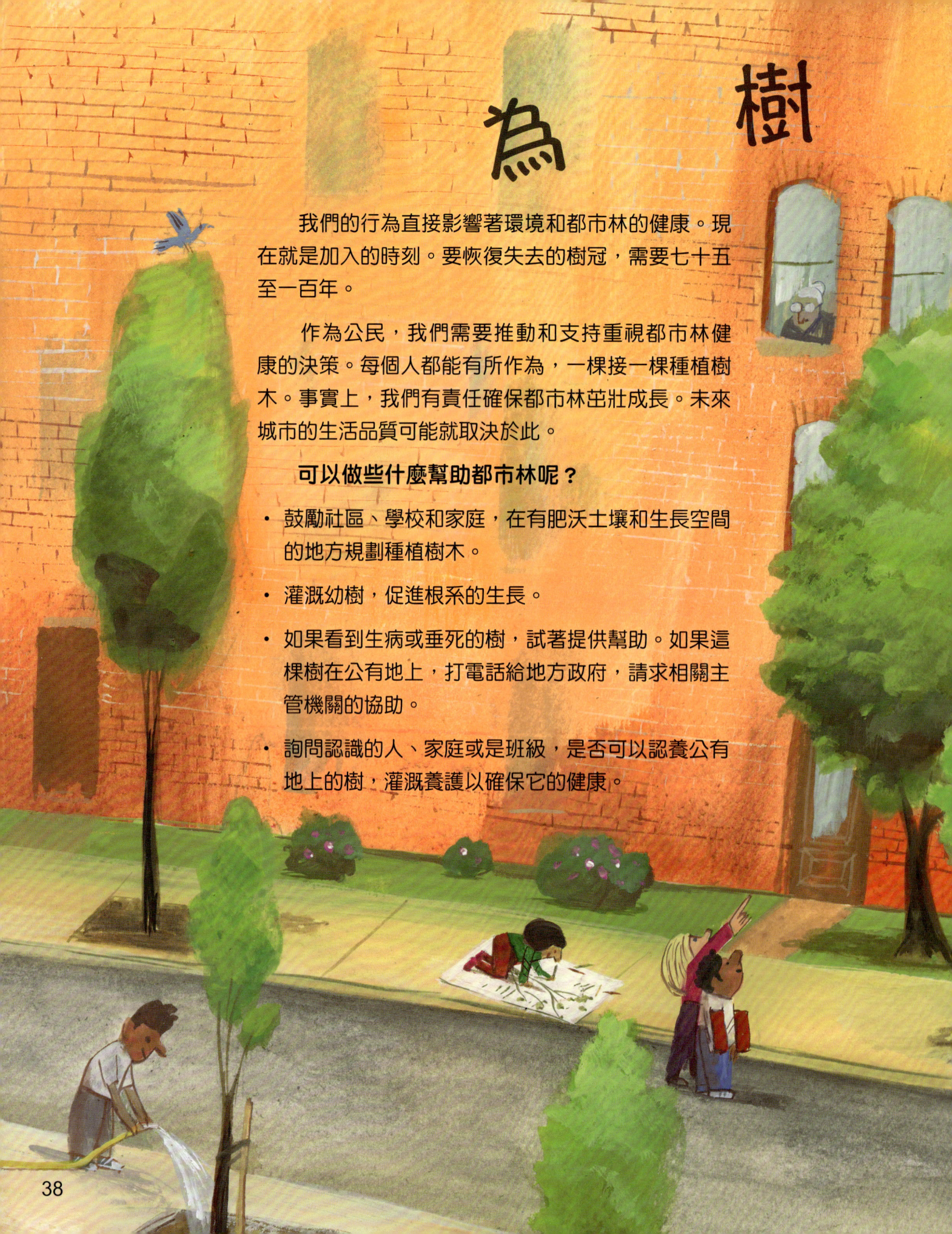

為樹

我們的行為直接影響著環境和都市林的健康。現在就是加入的時刻。要恢復失去的樹冠,需要七十五至一百年。

作為公民,我們需要推動和支持重視都市林健康的決策。每個人都能有所作為,一棵接一棵種植樹木。事實上,我們有責任確保都市林茁壯成長。未來城市的生活品質可能就取決於此。

可以做些什麼幫助都市林呢?

- 鼓勵社區、學校和家庭,在有肥沃土壤和生長空間的地方規劃種植樹木。

- 灌溉幼樹,促進根系的生長。

- 如果看到生病或垂死的樹,試著提供幫助。如果這棵樹在公有地上,打電話給地方政府,請求相關主管機關的協助。

- 詢問認識的人、家庭或是班級,是否可以認養公有地上的樹,灌溉養護以確保它的健康。

發聲

- 原生物種能維持更豐富的生物多樣性，包括原生昆蟲和野生動物。保存社區原生樹種的種子。學習如何以種子種植樹木，並徵得學校或城市的許可。
- 在社區或學校舉辦樹木節，為都市樹木慶賀。
- 進行樹木普查。學習樹木的名稱，以及如何辨識不同的物種。測量樹木的尺寸、健康狀況和位置資訊，可以幫助社區和城市照顧樹木，並知道何時需要養護或更新。（可以參考neighbourwoods.org獲取想法和靈感。）
- 敦促市政府在沒有樹冠覆蓋的社區種植樹木。某些城市中，研究人員已經表明，低收入地區的樹木較少，因此健康和環境效益也較低。樹木應該屬於每個人。
- 倡議決策者在規劃新的開發或重建時，留下空間給樹木。

樹木專有名詞解釋

形成層：樹木內部薄薄的生長組織。每年產生新的樹皮和木材，使樹幹的直徑加粗。

樹冠：城市森林中最上層的樹枝和葉子。

二氧化碳：無色、無味的氣體，由碳原子和氧原子組成。人類和動物呼出這種氣體。有機物燃燒時（如瓦斯），也會產生二氧化碳。二氧化碳是一種「溫室氣體」，會引發氣候變遷。

森林砍伐：為了其他土地用途而破壞或清理森林。

生態系：由動物和植物組成，彼此之間與環境相互作用的系統。

化石燃料：各種燃料的統稱，如煤炭、石油或天然氣，這些燃料是由史前植物和動物的遺骸形成。

收集者：慢慢收集某物品的人。

心材：樹木內部的支撐層。這一層實際上是木材的死細胞，不會腐爛或失去強度。

熱島效應：由於人類活動和建造的結構物，城市地區的氣溫顯著高於周圍的鄉村地區。

殺蟲劑：用於殺死昆蟲的有毒物質。

外來入侵種：非原生於特定地區的植物、真菌或動物。

覆蓋層：大多為有機物（如葉子或木屑）的一層，覆蓋在土壤表面。

原生種：在特定生態系中正常生活和繁殖的植物、真菌或動物。

養分：人類、動物和植物所需維持強壯和健康的物質，如蛋白質、礦物質和維生素。

有機物：天然物質，例如腐爛的葉子或木材，來自最近死亡的生物遺骸。

生物：指活的植物或動物。

韌皮部：樹皮內側的細胞，像是食物供應管道，運輸樹液（由樹葉製造，含有糖分和其他養分）餵養整棵樹木的各個部位。

光合作用：綠色植物利用水、陽光和二氧化碳進行的化學過程，用來製造食物並釋放氧氣到空氣中。

策略燒除：由專業林務人員有意引發的小規模、可控火災，以恢復和保護特定生態系。火災控制在只燃燒乾枯的葉子、枝條和草本植物，不會傷害較大的樹木。

修剪：剪掉樹木或灌木的枝條，促進其生長得更強壯。

逕流：指水（以及其中的物質，如土壤）從陸地表面或建築結構流走的現象。

邊材：樹木外層的新木材層。像幫浦，將富含營養的水從根部送到枝葉中。也稱為木質部。

幼苗：從種子長成的年輕植物。

土壤單元：一種人工結構，設計成填滿種植土壤，以促進樹木根系的生長，管理暴雨和支撐鋪面。

結構性土壤：一種人造的生長介質，由碎石、黏壤土和其他物質混合而成，旨在為鋪面提供穩定性，同時提供生長空間給根系。

樹苗圃：種植、培育和照顧樹木的地方。

參考資料

編寫本書的過程中使用了許多資料來源。讀者也可進一步閱讀以下網站以獲取更多資訊。

樹木
arborday.org
hungrytrees.com（提供有趣的內容！）
naturewithin.info
notfarfromthetree.org
oufc.org
treecanada.ca

城市
citylab.com
nextcity.org

氣候變遷
climate.nasa.gov
science.howstuffworks.com/environmental

入侵昆蟲物種
invasivespeciescentre.ca

台灣網站：
全國種樹諮詢中心
https://tree.tfri.gov.tw

以下書籍可深入了解和研究，適合年紀較大的讀者閱讀。

Haskell, David George. *The Songs of Trees: Stories from Nature's Great Connectors.* Viking, 2017.

Lawrence, Henry W. *City Trees: A Historical Geography from the Renaissance through the Nineteenth Century.* University of Virginia Press, 2006.

彼得・渥雷本（Peter Wohlleben），《樹的祕密生活》，2016。（年紀較小的讀者可能對兒童版《*Can You Hear the Trees Talking?: Discovering the Hidden Life of the Forest*》（Greystone Kids, 2019）感興趣。）

致謝

非常感謝多倫多大學森林學院的Danijela Puric-Mladenovic教授的時間和洞察力。也深深感謝Nan Froman、Emma Sakamoto、插畫家Pierre Pratt、美術指導Michael Solomon以及Groundwood等其他善心人士，特別是已故的Sheila Barry，她的善良、智慧和趣味感讓一切都變得可能。